STATUTS

DE LA

SOCIÉTÉ MUTUELLE ET FRATERNELLE

DES

TAILLEURS DE PIERRE

Sédentaires de Paris et du département de la Seine.

PARIS

TYPOGRAPHIE DE H. VRAYET DE SURCY ET Ce, RUE DE SÈVRES, 37.

1848

STATUTS

DE

LA SOCIÉTÉ MUTUELLE ET FRATERNELLE

DES

TAILLEURS DE PIERRE

SÉDENTAIRES DE PARIS ET DU DÉPARTEMENT DE LA SEINE.

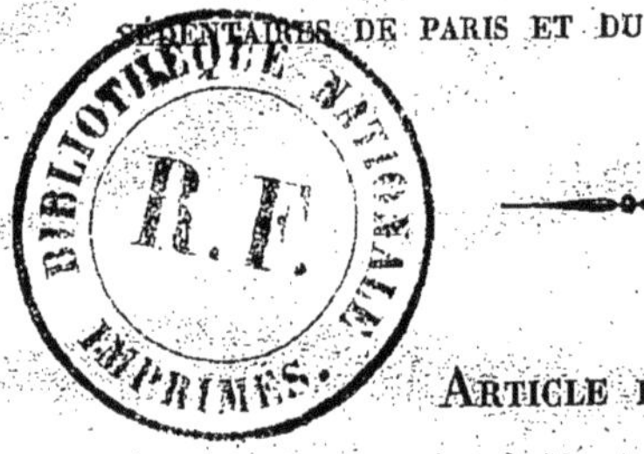

ARTICLE PREMIER.

Tous les tailleurs de pierre sédentaires et domiciliés dans le département de la Seine, sans distinction d'âge, célibataires ou non, sont admis à faire partie de la société. Nul ne pourra y être admis s'il ne remplit les conditions des présents statuts.

ART. II.

Il sera établi un examen pour l'admission des chefs utiles à la direction des travaux, tels qu'appareilleurs, commis, surveillants, etc. Tous les membres de la société pourront concourir à cet examen.

Après le concours, le conseil d'administration décernera le prix à celui qui aura été reconnu le plus digne et le plus capable.

ART. III.

Chaque ouvrier associé aura droit à un prix de journée proportionné à son courage, son intelligence

OBSERVATIONS.

et sa capacité, suivant le cours, et réglé par le conseil de la société.

ART. IV.

Chaque associé doit se convaincre qu'il a un devoir à remplir par son exactitude, son courage et le respect qu'il doit à tous ses coassociés en général. Ceux qui contreviendraient à cette disposition seront exclus de la société après plusieurs avertissements restés sans effets, et d'après la décision du conseil.

ART. V.

La société, ne possédant en ce moment aucunes ressources pécuniaires, retiendra un dixième de la valeur de chaque journée des sociétaires en activité de travail, afin de former une masse qui servira à l'État ou à la ville de Paris de cautionnement.

Indépendamment de ce dixième, chaque membre de la société versera mensuellement 2 francs pour venir au secours des membres qui se trouveraient dans un besoin réel. Pour avoir droit à ce secours, il faudra que le sociétaire ait fait continuellement partie de la société, et il lui sera délivré proportionnellement au nombre de sa famille. Néanmoins, ces secours ne seront accordés qu'après six mois de présence dans la société.

ART. VI.

Il est indispensable que tous les sociétaires soient étroitement liés entre eux; que les chefs d'ateliers sachent se faire obéir par des procédés convenables, de manière à ne pas froisser l'amour propre des sociétaires qu'ils auront sous leurs ordres; car, enfin, il faut qu'ils comprennent que nous nous devons tous respect et déférence mutuelle.

ART. VII.

Les sociétaires seront libres de travailler pour les entrepreneurs particuliers; toutefois, ils seront tenus d'en faire part aux membres de l'administration, et, en outre, de ne pas recevoir, pour prix de leurs journées, une somme moindre que celle du cours et que celle fixée par l'administration, qui toujours suivra, dans ce cas, celle du cours.

Il est bien entendu qu'ils devront, dans tous les cas, verser à la caisse de la société le dixième de leur salaire; plus, la cotisation mensuelle, comme il est dit à l'article V.

ART. VIII.

L'administration de la société aura le droit de nommer des délégués pour surveiller l'exécution de l'article VII qui précède.

Il sera alloué à ces délégués une rétribution proportionnée à leur activité et jugée par le conseil d'administration.

ART. IX.

Toutes les fois que la société entreprendra des travaux d'adjudication et autres, ou qu'ils lui seront donnés directement par l'État, le conseil d'administration sera chargé de l'achat des matériaux, il tâchera de maintenir le prix desdits matériaux, c'està-dire de le débattre avec les vendeurs, de manière à ce que les intérêts de la société ne soient pas lésés. Il sera, à cet effet, ouvert un registre sur lequel seront inscrits la qualité, la quantité et le prix consenti entre le conseil et les vendeurs. Un autre registre servira à inscrire l'emploi desdits matériaux.

Sur un troisième registre seront inscrites les dépenses et les recettes.

Enfin, la tenue des livres, relativement aux travaux de construction, sera strictement observée.

Art. X.

La société pourra accepter les fonds qui lui seront offerts, soit par les associés, soit par d'autres personnes, pour subvenir aux besoins des entreprises que la société se propose de faire; ces fonds déposés seront fixés à cinq pour cent d'intérêt par an.

Art. XI.

Les entrepreneurs qui désireraient faire partie de la société ne pourront y être admis que comme ouvriers ou conducteurs; si toutefois ils sont reconnus capables de remplir de telles fonctions.

Art. XII.

Les prix établis pour chaque partie du travail devront être ceux admis par le conseil des bâtiments.

Art. XIII.

Dans le cas où tous les sociétaires ne seraient pas employés sur les travaux de la société, il leur sera loisible de travailler, soit pour le compte des propriétaires, soit pour le compte des entrepreneurs. Ils seront tenus, toutefois, de se conformer à l'art. VII.

Art. XIV.

Si un propriétaire faisait la demande d'un ou plusieurs ouvriers composant la société, ils seront payés suivant la série de prix ayant cours à l'époque où ils y travailleront. Il sera donné préalablement connaissance de cette série au demandeur, afin d'éviter toutes contestations à la fin des travaux.

Art. XV.

Le dixième des salaires, tel qu'il est dit à l'art. V, servira à toutes les entreprises, et, s'il est possible par la suite, à établir un hôtel pour les ouvriers tailleurs de pierre faisant partie de la société, et qui leur servira de lieu de retraite.

Art. XVI.

Tous les membres de la société, et principalement les jeunes gens, sauf cas majeurs, devront chercher à s'instruire : cette instruction aura pour base la lecture, l'écriture, le calcul, la géométrie, le dessin linéaire, la coupe des pierres, et généralement tout ce qui a rapport à la construction.

Les professeurs seront pris de préférence parmi les sociétaires. Les leçons seront gratuites. Le salaire des maîtres sera pris sur les fonds de réserve.

Art. XVII.

Aussitôt que faire se pourra, la société devra monter une bibliothèque qui, sans être chargée de volumes, contiendra des histoires morales, des manuscrits utiles, des livres scientifiques; enfin tous livres nécessaires à l'éducation professionnelle.

ART. XVIII.

En cas d'événements graves, tels que décès, blessures ou maladies graves, la société devra s'occuper de la famille du décédé ou du malade, et fournir tout ce qui pourrait être utile dans la circonstance.

ART. XIX.

L'administration nommera des délégués chargés de faire connaître la position réelle de chaque associé; ils seront surveillés et contrôlés, afin que les renseignements pris par eux et transmis à l'administration soient justes et sans abus, lesquels abus nuiraient nécessairement à l'œuvre que la société se propose, qui est et qui sera autant paternelle que fraternelle.

ART. XX.

La société sera formée par sections; il y aura un délégué à chaque section, qui sera tenu de faire son rapport toutes les semaines à l'administration, et plus souvent s'il y a urgence; dans ce cas, il lui en sera donné avis par un des membres de l'administration chargé du pouvoir.

ART. XXI.

La paye de chaque travailleur se fera tous les quinze jours; néanmoins, les associés nécessiteux pourront recevoir des à-comptes dans le courant de ce délai.

Art. XXII.

Il sera fait toutes additions ou corrections aux présents statuts, suivant l'urgence, sur la demande de l'administration, et après la délibération du conseil. Il en sera donné immédiatement connaissance à tous les membres de la société.

Art. XXIII.

Les jeunes gens sociétaires qui se trouveront appelés sous les drapeaux, recevront tous les six mois l'intérêt de leurs fonds de réserve, et ne supporteront aucune des charges de la société.

Néanmoins, ils devront toujours payer leur cotisation mensuelle pour qu'ils aient droit aux secours dont il est parlé dans l'art. V. Il est bien entendu que, quoique faisant partie de la société, ils ne bénéficieront pas des travaux de la société pendant leur absence.

Art. XXIV.

Les secours qui seront accordés aux malades ou aux blessés sont fixés, au minimum, à 1 fr. 50 cent. par jour, plus les soins de médecins et fournitures de médicaments.

Art. XXV.

L'administration choisira un médecin chargé par elle de constater la nature de la maladie des sociétaires, afin que, sur cette constatation, elle puisse délibérer en conseil s'il y a lieu de diminuer, d'augmenter ou de continuer les soins du malade, suivant les dispositions de l'art. XXIV.

Art. XXVI.

Tous les ans il sera fait une répartition des bénéfices que la société aura pu faire; cette répartition sera proportionnée au dixième retenu à chaque associé.

Art. XXVII.

L'associé qui aurait manqué aux devoirs qui lui sont imposés par les présents statuts, et qui, par ce fait, aurait été condamné à l'exclusion par le conseil d'administration, ne recevra sa mise de fonds à la caisse de la société que six mois après la date du jour de son exclusion, et sans intérêts.

Art. XXVIII.

Le sociétaire qui voudra volontairement se retirer de la société, devra en donner avis par écrit à l'administration, et ne recevra sa mise de fonds que six mois après sa déclaration; mais il ne lui sera pas tenu compte des bénéfices que la société aura pu faire depuis la dernière répartition, qui doit avoir lieu tous les ans, comme il est dit à l'article XXVI des présents statuts. Seulement, il lui sera payé l'intérêt de sa masse de fonds à 5 pour 100 par an, depuis l'époque de la dernière répartition jusqu'au jour de sa déclaration.

Art. XXIX.

La durée de la société est fixée à quatre-vingt-dix-neuf ans, à partir du jour de l'enregistrement de ladite société.

Paris. — H. V. de Surcy et Ce, rue de Sèvres, 37.

www.ingramcontent.com/pod-product-compliance
Ingram Content Group UK Ltd.
Pitfield, Milton Keynes, MK11 3LW, UK
UKHW022212190726
13855UKWH00004B/1728

9 782013 241748